a mindstyle business

与 思 想 有 关

The Art of
Doing Nothing

无所事事的艺术

[法] 薇若妮卡 · 魏纳
Véronique Vienne
◎ 著

[法] 爱芮卡 · 兰那
Erica Lennard
◎ 摄影

胡因梦
◎ 译

浙江人民出版社
ZHEJIANG PEOPLE'S PUBLISHING HOUSE

塔玛佩斯山
Mount Tamalpais

之灵

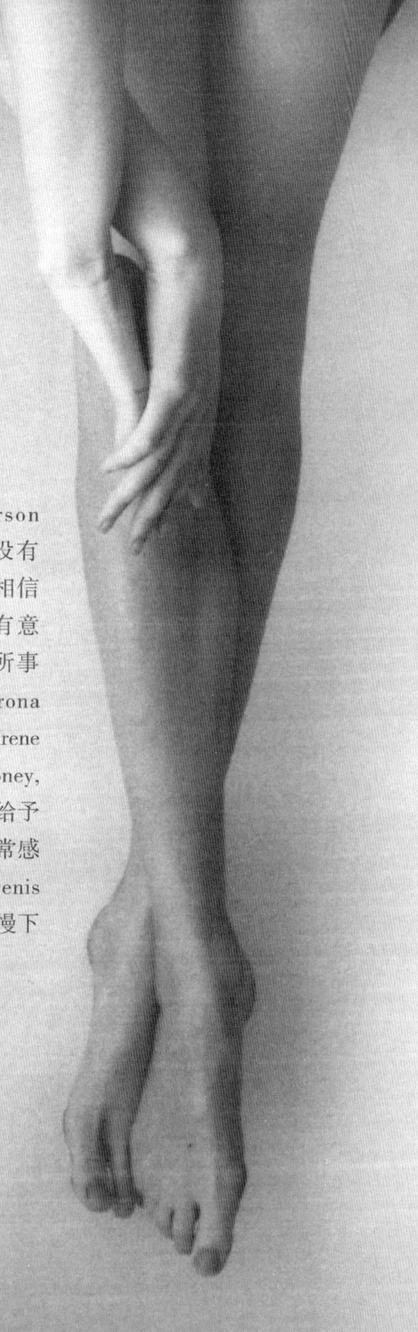

致谢

没有我们的代理Helen Forson Pratt将我们聚合在一起；没有我们的编辑Annetta Hanna相信一本关于无所事事的书是有意义的，就不会有这本《无所事事的艺术》。特别感谢Sharona Jones在研究上的帮助，感谢Irene Silvagni, Lise Ryall, Ann Rhoney, Kazuko和Claudia Van Rysen给予的摄影上的灵感。当然也非常感谢我们的丈夫Bill Young和Denis Colomb，是他们教会了我们慢下来的意义。

开悟就是舒服地做个彻底平凡的人

·译者序·

胡因梦
作家、身心灵导师

表面上看来，《无所事事的艺术》应该算是一本大都会精英生活指南，但细细地领略个中深意，却发现里面竟然蕴藏着禅与正念的终极真理。

禅与正念在本质上并非宗教或哲学，而是一份面对现实的精微觉知，一种以艺术途径来处理人生的智慧涵养。然而要在生活琐事里发现艺术，若是没有一点禅定训练，是不可能具备艺术的必要条件之一——专注与融入的，因此本书所涉及的主题：呼吸的艺术、发呆的艺术、打哈欠的艺术、打瞌睡的艺术、沐浴的艺术、品尝的艺术、倾听的艺术等，都跟专注与觉知有关。读者若是能从这个角度来理解这本书，将会发现这其实是一本“悟后起修”的生活禅指南。

比如，作者在“冥想的艺术”这一章里提到：“只有当我们承认自己没有能力冥想时，禅定境界才会开始出现，那时你已经不再把冥想视为一种成就，而是一种提醒我们面对现实的简朴方法。”开悟是世间唯一一件无法被人类意志操控的事，它丝毫没有戏剧性，也没有令人振奋之处，因此作者以极为生活化的方式与我们分享她的悟境。她说：“当悟境出现时，你可能并不是在打坐。也许你正站在十字路口等待红灯转绿，或者一边看着窗外一边打电话，或者正在清洗派对结束后堆积如山的餐具……在毫无预警之下，它突然出现了，你完全没有心理准备。但是无妨，没有一个人是准备好要开悟的……”

作者认为所谓的开悟，只是让我们很舒服地做

个彻底平凡的人，不过完美主义却因此离我们远去，焦虑亦不复存在，心中一片清明，眼前的念头与情绪皆能如实洞悉，一切的修饰如同盔甲般层层脱落。当心中没有任何想要脱离当下的野心及欲求时，我们的灵魂便终于返回它的家园——肉体。

灵魂与肉体一旦整合，知觉就开始变得活跃，如此一来，所有不怎么特殊的事物，似乎都显得特殊起来——你终于发现自己的手上竟然有蓝色的血管，而体内的血管与蜘蛛网上的露珠或迈阿密上空的暴风雨，同样都是大自然的一部分；你身体的精微次元竟然是一个可以捕捉到别人思想、概念及情绪的共振板；打哈欠时，你的头部中央有一股小小的压力涡，它会像旋风一般散布全身；你的舌尖能检查到带有甜味的高能量食物，并因此加速脑部活动；当你入睡时，复杂的脑波活动会将迟钝的身体转化成一个制造智能、警觉心及识别力的发电站……如此这般，作者以精微的感知、别致的异想、丰富的学养，帮助我们在自家后院里觅得那难以捉摸的空无，或许应说是“空觉不二”的终极实相，而这也就是我乐于译介此书的根本理由。

摄影本身就是一门“无所事事”的艺术。
扫码关注“湛庐教育”，回复“无所事事的艺术”，
直达摄影作品赏析。

为了一颗宁静的心

·前言·

The Art of Doing Nothing

每当至友亲朋好心地建议我们放松一下——深吸一口气、休息几天，我们下意识里就会抗拒这种建议。放慢脚步就是在浪费时间！这一代的人都是行动者。我们毕生所努力的，都是设法让事情发生。我们总是理直气壮地认为，世界上没有事情是做不成的，当然，除了无所事事之外。

对我们而言，无所事事的状态是超脱于生命轨道之外的最奢华的享受、最不可能的美梦。然而，我们是不是也一直在不恰当的地方寻找那种难以捉摸的空无呢?

宁静的心，并不是生在荒岛或绝壁上的奇花异草，你无须漂洋过海去寻找它。“放松”其实是长在你家后院的植物—— 一株耐寒的小树丛。虽然我们不断地想将它连根拔起，它却从不离弃自己。

这本书就是为了帮助你培养宁静的种子所写。每当你呼吸、等待或倾听的时候；饭吃到一半或被塞到车流中的时候；或者赶飞机、拼结束报告的焦虑时刻，都可以学着让自己放松下来。

当然，你并不需要别人对你说教、说服你放松有多大的好处，不过你的头脑却需要被诱惑。你必须透过理智去了解一些事，才能让你的头脑相信，时而放松一下是对自己最有利的事。

若不能说服理智的话，那么你只要一闲下来，就会有罪恶感。因此，请继续往下读。够幸运的话，你将会在本书里发现一些让人心动的甜言蜜语。

The Art of Doing Nothing 目录

第二章

呼吸的艺术

将呼吸视作一种给予，而非索取。

安住在当下的秘诀

第三章

冥想的艺术

我们只能为心灵上的突破做准备，而无法操控它。

保持身心静默的秘诀

The Art of Doing Nothing

第一章

拖延的艺术

允许自己
把做到一半的事
抛到一边去。

水碰到平滑的表面——石头、冰块或玻璃，就会放缓它的流速。即使没碰上任何障碍，流动的液体还是会迂回而行。水不仅占据了地球最大的面积，更是人体最主要的成分。这世界的70%都是水，我们的身体也是。因此，只要一处在没有压力的环境里，人很自然就会缓慢下来。对人们来说（自然界绝大多数生物也是），所谓的“最少阻力之路”（the path of least resistance），就是带领我们迈向迟缓的通道。

拖延是我们与生俱来的天性。这股看不见的力量，能令河水蜿蜒而行，令海底的暗流形成弯道、喷射机的气流画出迂回的路线——你和我也因为它而变得悠游不迫。

没有人知道这股令一切万物回旋的力量其目的何在。举例来说，我们能够了解密西西比河是如何形成弯道的，却不能明白为什么。不过，人们确实因为拖延而受惠。

至少，它会让你注意到以往忽略的地方。它也会促使你去完成你早就该做的事情。比如你虽然没去缴账单，却整理了装袜子的那层抽屉；车库的门虽然没修好，却帮狗宝宝洗了个澡。是不是该去把小说写一写了？结果你却先清理了厨房地板的油垢！或许，拖延正是大自然帮助我们清除脏乱、打扫角落的一种方式。

不幸的是，绝大多数人都把忙里偷闲这件事拖延到星期六和星期天。这种做法就把压力带进了周末。按照行事计划延迟事情，反而制造了另一种形式的负担。因此，不管今天是星期三或星期四，浪费时间这件事，应该当下便开始进行。一旦上手之后，你就能用炫耀的姿态，从星期一便开始一点一滴地把时间浪费掉。

还有，从居家就开始练习你的拖延技巧。出外冒险之前，请先学会在自家围墙内做个游民。放缓速度的过程会有点曲折，所以最好先准备一双耐磨的运动鞋。

先选个单纯的计划来完成。比如，你决定把散落在床边的杂志整理一番。尽管去做吧！然后停下来，拿起一篇好文章读最末一句话，但不要读得太专注；打断自己，抬头看看窗外，把枕头抖一抖，在日记里写个几行字，或是去刷刷牙。

允许自己把做到一半的事抛到一边去。欢迎那股突然想检查吸尘器是否该换新纸袋的冲动。别担心——你可能永远也走不进储藏室，到了走廊中央你已经没兴致了。十分钟后你发现自己正在翻阅着旧明信片，看看那张在意大利买的、但因邮差罢工而始终未能寄出的风景明信片还在不在。

你一边浏览旧明信片，一边想着电话留言有哪几通应该要回，还有几张感谢卡要写，赚钱的事也可能在心头萦绕不去。没关系，坚持下去。善用那双防滑的运动鞋，把它当成乳胶拖把，尽管拖掉那些扰攘不休的念头吧！

拖了一个小时之后，你也差不多等于在健身房做了一小时的运动。很显然，用这双鞋子在家里拖地可比举重容易多了，但你千万别被表象骗了。要将工作的冲动压抑下来，其实和耽溺于其中同样费力。轻度举重练习所牵动的肌肉收缩通常很缓和，但却可以让肌肉明显地变结实。同样的，要对抗自我罪咎感不断带来的压力，往往也可以燃烧掉大量的卡路里。

若想测试这个理论是否成立，不妨站在一堆未开封的信件旁边，却决心不去翻阅它们。说不定其中有一封是你等了很久的支票呢。那又怎么样！我再也不想看到任何信件了，拜托！

感觉一下这过程中你身上散发的紧张能量。可以偷瞄一下信吗？不行！当你在那儿跟自己拔河的

同时，请这么想吧：不打开信封，就等于在跟宇宙最大的拉力——清教徒的工作伦理比腕力。

追随梭罗的脚步

梭罗甚至把这种拖延艺术发扬光大，从家里延伸到树林里，并因而促成了美国人崇尚自然的风气。“当我准备外出散步时，其实并不太确定脚步是否能够踩稳，”这位居住在瓦尔登湖的名士曾经这么写过，“但我还是顺着直觉去做了。”

另一位创办了荒野保护协会（Sierra Club）的约翰·缪尔（John Muir）曾经以抖擞有劲的脚步，从印第安那州一路步行到墨西哥湾，这种长途跋涉的旅行方式使他一举成名。但梭罗的作风完全不一样，他喜欢在荒野里毫无目的地闲晃，像个漫不经心的朝圣者般，寻找着荫凉的庇护所。“我所说的散步，跟运动一点关系也没有。”他提出了这样的看法。

随心所欲地漫步了两三个小时，往往能引导他进入“意外的陌生国度”。梭罗称这样的散步方式为“游荡”（sauntering），他认为中世纪的骑士所采用的便是这种方式（在法文里，“sans terre”意味着“无家可归”）。流浪武士（这些被雇佣的游荡者）几乎永远在移动中。他们从一个城堡流动到另一个城堡，不断地寻求下一个可以加入的十字军团或战斗任务。

梭罗自愿选择了贫穷的生活方式，中世纪的唐吉诃德也过着仅能糊口的生活——借着别人善心的些微馈赏来过日子。在中古时期的欧洲，现金是十分罕见的东西，因此以物易物使得拖延变成一种风潮，上至君王下至乞丐，人人都在拖延。

赚钱这件事，则是比较晚近的发明——800年前的某些诸侯意外地发现，让懒散的仆人多做一点事，然后赏他们几枚金币，似乎能令他们更快乐一些。

这个讲法有点悲哀，不过一般人真的宁愿朝九晚五辛勤地工作，也不愿偶尔忙一阵子，然后停下来静静地等待。

12世纪的新货币制度预告了现代生活的来临，也终结了游荡的年代。然而即使在今日，只要能运用一点想象力，你还是可以追随梭罗的脚步去漫游——不论你选择的是钓鱼、跷班，还是去看一场午夜电影。

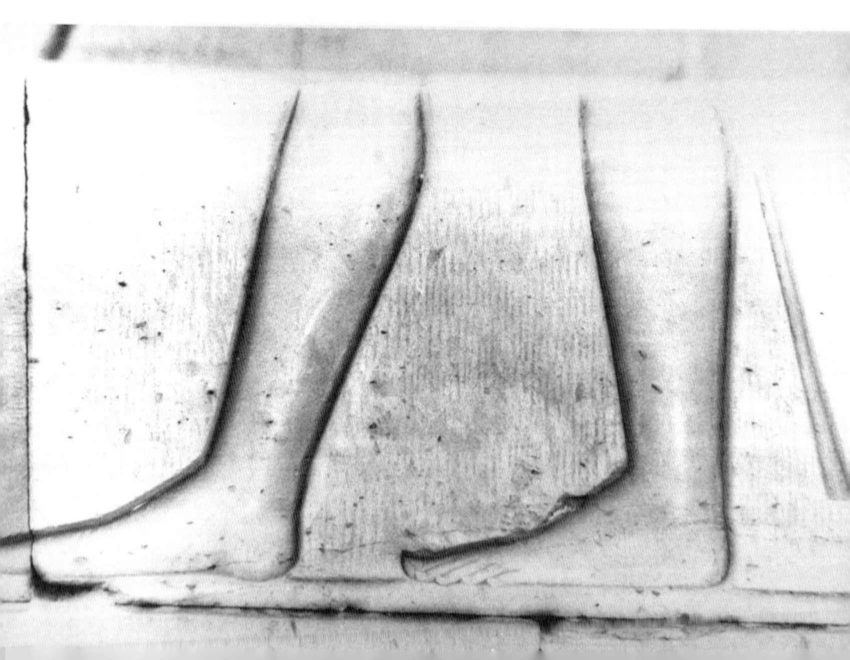

莫让唯利是图的活动塞满你的人生。偶尔闲晃一下，让体制认清楚：追求快乐比工作报告、僵化的行程或丰厚的报酬，都来得重要。

The Art of Doing Nothing

吹口哨的秘诀

"你知道怎么吹口哨吧？"劳伦·白考尔问汉弗莱·博加特[1]。"噘起嘴，尽管吹就对了。"

想不想释放掉压力？或者把紧张的气息吐出来？那就试着吹出几个音符看看。如果你不是一个天生会吹口哨的人，下面这些方法你或许用得上：

◎噘起嘴唇，吹就对了——而且

① 劳伦·白考尔（Lauren Bacall）和汉弗莱·博加特（Humphrey Bogart）夫妻二人均为好莱坞著名影星。——编者注

不要期待能发出声音。

◎模仿门缝里的风声。试着做做看。

◎调整一下你的嘴形。嘴缩得越小，发出的声音越高。

◎当你能吹出声音——任何声音都行，就试着借由上下弹动舌头来发出颤音。

◎不要为了想吹出某个调子，而干扰了你的呼吸。

◎先在脑子里设想好某段旋律，然后用随兴的方式吹出来；吹得高兴就够了，别去管自己吹得好不好。

你觉不觉得自己噘嘴唇的模样很性感，很自在？就安住在这份感觉上。很快，你就能吹出一首完整的曲子了。

The Art of Doing Nothing

第二章

呼吸的艺术

将呼吸视作一种给予，而非索取。

在呼吸，蜜蜂在呼吸，我们也在呼吸。呼气的时候，我们将二氧化碳——一种促进植物生长、阻止太阳能辐射返回宇宙的化学物质释放到大气层里。我们呼出去的气，让地球不至于整个变成沙漠。

很显然，我们在地球的任务之一便是做个园丁。就在无意之间，我们变成了脆弱生态系统的照料者。人类也许在其他方面破坏了环境，但是当我们把肺部的气排出去时，却能够让草长得更绿一些。

基于某种理由，我们的文化对“吸”气的重视远超过“呼”气。我们把吸入氧气视为对我们有利的事，却把呼出二氧化碳当成是丢垃圾一般——捏着鼻子，张着嘴，匆忙地把它丢出去。因为太过着重于吸气，所以我们几乎无法从放松胸部、净化呼吸道、将无色的二氧化碳送入遥远晴空中，获得任何乐趣。

不费力地深吸一口气，然后立刻吐掉它。将呼吸视作一种给予，而非索取。告诉自己，让肺部充气的目的只是为了尽量把气释放出去。不要太吝啬，尽力给出足够的二氧化碳。你这不就是在促成光合作用吗？想象一棵你最爱的树，让它的叶子有机会制造出顶级的氧气。

在你还没注意之前，你的肺部已经鼓涨了起来，你的胸腔扩大了，肩膀也放松了。等你开始要期待肺泡里灌满气时那一瞬间，肺叶已经像个小型降落伞般打开来了。你好久没体验过这么不费力的快感了，但这仍然比不上呼气时所感受到的那股甜美的下沉感。

那是一种舒缓而温柔的满足，就像长长久久地浸泡在寂静里的感觉，生命中没有几件事能比得上。

永远不要驱策自己去深呼吸：自主神经负责调节血液和气体之间化学物质的交换，这个机制会在内部

或外界的刺激下，产生非常复杂的神经反应，而这一切，都由你的头脑掌控。因此，改变一下我们对呼吸的思维方式吧！那比强迫胸腔扩张要有效得多。

思想会操控一切。心灵图像对呼吸模式的影响，远远胜过腹肌隆起、横膈收缩、瑜伽强力呼吸练习，或是在时髦的臭氧酒吧吸上几口氧气。

用呼吸缓解痛苦

虽然科学无法证实从血液中快速去除二氧化碳可以解除痛苦，但医生还是坚持告诉病人，在接受不愉快的（甚至令人尴尬的）侵入性检查时，要深深地吸一口气。每当医生对我们说：“现在请深呼吸。”我们就会浑身紧绷。我们自己很清楚（内科医师也很清楚），不论他们将要做的是什么，都会令我们不舒服。但被驯服的我们还是乖乖地壮起胆子来深吸一口气——咬紧牙关、满怀焦虑地缩紧自己的肌肉。

深呼吸，这种治疗痛苦的民俗疗法，其实是一种观想练习。每当胸部隆起，我们就会不由自主地想象痛苦被吸进了肺里，而且将会借由嘴巴和鼻子将它们排出去。

为什么不呢？饱含氧气的肺叶，就像一个外表有吸附力的大海绵，或一间有着双主卧室的公寓，的确能抹去生理上的紧张；它借着每一次的呼气，将紧张的能量解散到大气里。

另类医学相信呼吸有止痛效果，主流医学则只相信它能让我们分散注意力，因此会建议病人利用呼吸来转移痛感。其结果都是一样的：当我们的身体感到痛苦时，快速呼气是很有用的止痛剂。运用拉梅兹呼吸法的产妇都会发现，在极度紧张的状态下，喘气最具有纾解的效果。当阵痛情况越来越严重的时候，不要犹豫，尽情地呻吟、呢喃和哀嚎吧！这些都是释放肺部浊气的方法。

希腊悲剧里永远会安排一些随时准备哀悼和悲叹的演员，他们的角色就是要表达出一般人面临不幸时的恐惧。他们以呻吟来引导观众，去经历一场

精神上的净化——从而释放紧张并得到治愈。

当危险过去后，他们就会发出解脱的叹息声，最后则以喉咙里发出的喃喃低语作为收场。

欣慰的叹息经常是快活的表征。

The Art of Doing Nothing

安住在当下的秘诀

留意自己的呼吸，就像在表层意识和潜在宇宙之间走钢索一样。不妨尝试一下正念（mindfulness）这种令人神迷的修炼法，不过要小心：安住在当下的自我觉察，并不是那么容易的事：

◎站在窗边，盯着地平线看，并自动消除视觉上的干扰。

◎留意一开始时你的呼吸有多浅，但务必要拒绝那股想吸进更多气的欲望。

◎接下来的呼吸可能会更深一些，就像你会不由自主地发出几声叹息一般。这便是梵文里所说的“prana”（气）或是希腊文里的“pneuma”（灵气）。宇宙似乎正在透过你呼吸。

◎当你吸到第五口或第六口气时，你的心念就会开始飘走了。别担心！就让那些不成形的念头充满你的胸膛吧。

◎不要期望在第七或第八口气时，就能够进入至乐的自我觉知。如同呼吸一样，意识也是一种出出入入的过程。我们吸气，然后呼气，同样的，我们会记起自己，也会忘掉自己。

The Art

of

Doing Nothing

第三章

冥想的艺术

我们只能为
心灵上的突破做准备，
而无法操控它。

若想进入高层意识——所谓的“正念”，就必须先清空你的心。但是，心如何能既空虚又充盈呢？这个自相悖逆的状态，让冥想专家争辩了好几个世纪。“让心寂静下来！”他们总是这样告诉我们。不要等到另一只鞋子掉落下来，才去做这件事。开悟不是一种作为，而是一种存在。

“你必须怀着无求的心去寻道。”禅师们如此说。真正的关键就在当下。静静地坐着，滤清你的心念，就此安住。与冥想同时出现的紧张感，会促使你一直保持清醒。

“冥想”（meditation）这个词跟“药”（medicine）有着相同的字根。当你喜悦地进行冥想时，首先会出现的感受就是：这种感觉真好。大部分让心清静的方法都会要求你放松、闭上双眼、将注意力集中在意识的某个焦点上——这些都是令人愉悦的事。头几分钟你会体验到一种被治愈的感觉，这既无害又有效，冥想确实可以被看成是无需处方的良药。

很不幸的，冥想也是一个容易蒸发掉的东西——你无法把它保存在罐子里。

很少有人能维持住几分钟以上的静心状态。一旦自认为已经达到了某种程度的定境，你就会开始沾沾自喜。但下一瞬间你却发现心已经飘到树梢了。

所有的修行导师都很推崇冥想，包括传统法师所拥护的禅定训练，或是现代心灵导师所拥护的静心方法，然而冥想并不是万灵丹。对于一个禅定功夫只有初级程度的人来说，现有的各种冥想方法都太过于严苛了。大概只有少数几个弟子能达到导师的要求。

如果你曾尝试过道家的“吐纳术”，观想过藏密的“生命之轮”，或者曾经努力去达到哈西达教派（Hasidic）所说的“永远记住上主”，你就会知道我在说什么了。

冥想了几分钟之后，你就会失去专注的心境而开始乱了阵脚。说穿了，人性就是如此。可是我们往往不肯承认自己只是在做白日梦，还自我陶醉地以为修炼已经有所进展了。

果真如此的话，那冥想的目的又是什么呢？会不会只是设计来考验我们能否诚实面对自我？也许它的目的并不在于训练心灵的专注力？

矛盾的是，只有当我们承认自己没有能力冥想时，禅定境界才会开始出现。那时你已经不再把冥想视为一种成就，而是一种提醒我们面对现实的简朴方法。

吊诡的是，冥想往往会用宁静与祥和来诱惑我们，一旦上了它的钩，我们就会像鱼一样啪嗒啪嗒地急着想脱钩，但是除了蒲团、咒语和漏了气的自我之外，我们什么也抓不住。

一旦能正视这种脆弱无助的状态，就代表我们已经上道了。

何谓开悟

你可能得花上好几个星期、好几个月、好几年——根据某些宗教的说法，甚至是轮回过好几世以后，才开始了解日文里的“见性”（satori）、中文里的“无为”、藏文里的“三摩地”、希伯来文里的“神圣合一”（d'vekut）以及基督教传说里的“归正”（conversion）是什么，在这之前你都只是个开悟候选人罢了。禅宗修行者或专门研究开悟现象的专家学者，把开悟境界定为一种心灵的跃升、视域上的突破。禅宗故事大多在描述和尚们历经数十年仍然无法开悟，却在意外状况下突然发现了实相。这些传闻轶事旨在说明一件事：我们只能为心灵上的突破作准备，而无法操控它。

开悟有点像中乐透——提醒你，不是中了百万美元的特奖，而是几十美元的小奖。你当时虽然觉得胜券在握，但几年之后回忆起那突如其来的悟境，不禁莞尔，原来开悟竟然是这么平淡的一件事。你很惊讶它丝毫没什么戏剧性或令人振奋之处。

当悟境出现时，你可能并不是在打坐。也许你正站在十字路口等待红灯转绿，或一边看着窗外一边讲电话，或者正在清洗派对结束后堆积如山的餐具。在毫无预警之下，它突然出现了，你完全没有心理准备。但是无妨，没有一个人是准备好要开悟的——谁也无法预测那不可预测的东西。

在你开悟的那一刻，心中会突然出现一种洞见。如果你把洞见分成1~10个等级，这种洞见可能属于第4个等级。

·

这洞见有可能是：你突然领悟到，不用担心，自己一定交得出房租。

也可能是：你不再认为保持正确无误是上帝赋予你的神圣使命。

或许是：你首次发现自己的手上竟然有蓝色的血管。

开悟使得你的生活整个改观。

换句话说，所谓的开悟只是让你很舒服地做个彻底平凡的人。

终于，所有不怎么特殊的事物似乎都变得特殊起来：小池塘、追着鸟儿跑的孩子、电脑发出的祥和嗡嗡声，还有你以及你未经修饰的自我形象。

谜团散去，存在主义那些令人头痛的大哉问也不复存在。你了悟到自己绝不是一个完美的人——距离完美太遥远了，可是你的心中一片清明。也许有生以来，你第一次觉得自己是不狼狈、警醒的，随时可以行动。

The Art of Doing Nothing

保持身心静默的秘诀

不妨把冥想当成是在驯服我们称之为灵魂的那只毛茸茸的野生动物。神经质的假我，就像一只未经驯服、易受惊吓的动物一般，只要空气一静止，它就开始心猿意马起来。在你还没靠近这个害羞的“阿尼玛”（你内在的那只小野猫）之前，必须先学会蹑手蹑脚地走路。进入冥想，要像猫科动物探索它的地盘一般谨慎：

◎坐着或站着都可以，然后交替地用你左右脚的脚趾头轻轻接触地面。

◎在心里画一道线，让这道线连接你的头顶和右脚趾头。

◎画另一道线，连接你的头顶和你的左脚趾头。

◎想象这两条线都是橡皮筋做的。拉拉它们，测试一下它们的弹性。

◎不断地用力拉这两条从头到脚的橡皮绳。保持你和地板之间——或是和你的头顶之间的弹性连接。

◎现在你可以安静地坐着，但要小心别让身体变得松垮，也不要僵硬。想象你的屁股底下有一股跃动的弹力。

◎不要想诱骗你的头脑，试着用那条充满弹性的橡皮绳——你的觉知来约束你的头脑。

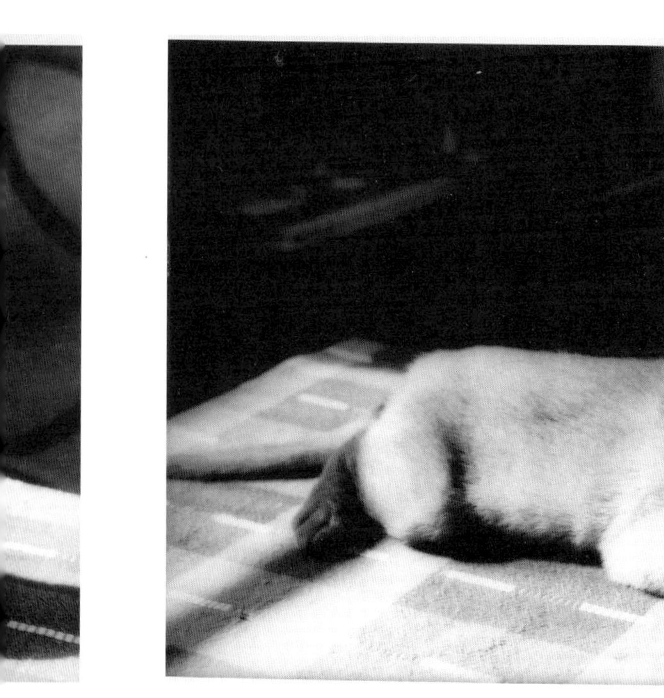

The Art of Doing Nothing

第四章

发呆的艺术

最上乘的思想往往是在意识安歇时出现的。

在一天将要结束前，把思绪从外在事物拉回来，让自己发一会儿呆，这是非常重要的事。不论你有多疲倦，在入睡以前，都必须让一整天忙着应对万物的自我回归本来面目。因此，让你的注意力降落到地面吧！——照字面的解释。

找一张比较矮的椅子，上面放几个抱枕，旁边摆一张脚凳，或者一块木头也行，然后平躺下来，高度距离地面约1米，这样你的眼睛就会跟你站立时肚脐的高度一样了。接下来发生的事，便是所谓的“发呆”。你要做的是，让心念先沉静下来，然后回归知觉。在你的大脑思绪还没回到脑壳之前，身体最好不要有任何动作。

夜晚发呆是一件很私密的事，即使家人和朋友正围绕在你身边——是少数几个能够让你既群居又能跟自己独处的活动之一，而且没人会指控你不合群。

你可以一个人在走廊上来来回回地荡秋千，而亲朋好友就在咫尺不远的地方聊天。

你可以和老友一起到酒吧里度过快乐的几小时，但是你并不需要和别人聊天，只是任由周遭吵杂的声音像浪潮般冲刷过你的身体。

或者等孩子们都入睡之后，窝在自己最喜欢的沙发椅里，品尝夜晚的静谧。

发呆是需要一些耐性的，所以你不妨让自己舒舒服服地窝进安乐椅里吧！然而很讽刺的是，安乐椅这种东西其实一点也不安乐：它是一种被小心翼翼地设计成很难让你的脚着地的东西。

想要从椅子上坐起来吗？椅子的角度会立刻将你吸回去。

想要抓住扶手吗？你一用力拉，它们就会弯曲。

想要从抱枕堆中抽身出来吗？你试着让身体前倾，但头颅根本平衡不了臀部的重量。

骨盆是人体最重的骨骼结构，远比中空的头骨重得多。骨盆的位置一旦低到某个程度，索性就慵懒地靠在那里算了。这个姿势恰好可以防止你的念头飘来飘去。

最重要的是，这个姿势会诱使

你改变视野。你不再从距离地面1.5米以上的位置去运筹帷幄现实的一切，而会改由以1米以下的高度来看待周遭的所有。

你会开始从崭新的角度去观察以前没发现的事：比如灯罩的内部、书架最下层那些旧书的书脊，或是花瓶里已经枯萎了的花、窗台上早已斑驳的油漆。

在你尚未充分察觉以前，你突然发现自己正盯着某个抽屉的铜把手，对它精巧的雕工赞叹不已；眼前的猫咪也让你产生了强烈的好奇心。接着，你的头脑也开始加入这场探索。它开始计算有几颗螺丝钉固定住了眼前的铜把手。只有三颗！原来少了一颗。这时你很想站起来查看一下工具箱里还有没有多余的螺丝钉，但这张鬼椅子就是让你动弹不得，于是你只好沉陷得更深一点，继续你的默观冥想。

消磨掉你的焦虑不安

要让心念安静下来绝不是一件容易的事。虽然你已经成功地将念头拉回到地球，但接下来才是更难的部分：安坐不动。这么一来，你就有机会让心中的各种点子、推想及观察，自然而然地厘清与分类。

最上乘的思想往往是在意识安歇时出现的。

牛顿在苹果树下静坐时发现了万有引力定律。

富兰克林在放风筝时发明了避雷针的原理。

爱迪生不经意用手指搓揉灯芯时，突然想出了灯泡与钨丝的概念。

爱因斯坦沉思宇宙之谜时，他的猫总是静静地坐在他的大腿上。

因此不要立刻坐起身来，继续躺着，时间越久越好，说不定你也能为科学贡献一点心力呢。

若想对抗那股企图坐起身来的诱惑，不妨想

象自己正在上地理课。你瞧，当你的身体斜躺时，身体的重心距离地面很近，那感觉不就像山脉一般吗？——你的身体如同连绵不断的山峰和山谷，而你的脚就像半岛尾端的海岬。

接着，放任你的念头来来回回想着白天发生的琐事，不要怕你会被日常琐事逐渐侵蚀，因为这种侵蚀正可以让底下的暗礁浮现出来。

侵蚀作用是一种十分缓慢的过程，却深富创造性。鬼斧神工的山脉、大峡谷，坐落在各处的沙丘以及分隔开的大陆，都是透过侵蚀作用而被创造出来的。

The Art of Doing Nothing

海滩漫游的秘诀

我们喜欢四肢摊开躺在沙滩上，因为阳光让我们有一种懒洋洋的感觉。不过你要十分小心，因为某些皮肤科医生强烈地主张，如果你感觉皮肤被晒得有点麻麻的，很可能就是受到紫外线伤害的过敏反应。请保护你的健康，不要在正午时分做日光浴。其实，还有许多不必冒风险就能享受海滩（并让心宁静）的方式。

◎戴上草帽：

透过巴拿马帽檐看外面的世界，感觉特别祥和。

◎把你的身体埋进热沙里：

体验一下大地的律动。

◎穿着衬衫走入浪潮中：

想象自己是一只富有异国风情的水母。

◎舔一下嘴上的海盐：

碘会提高心智的警觉度。

◎望向无垠：

让你的思想与地平线相连。

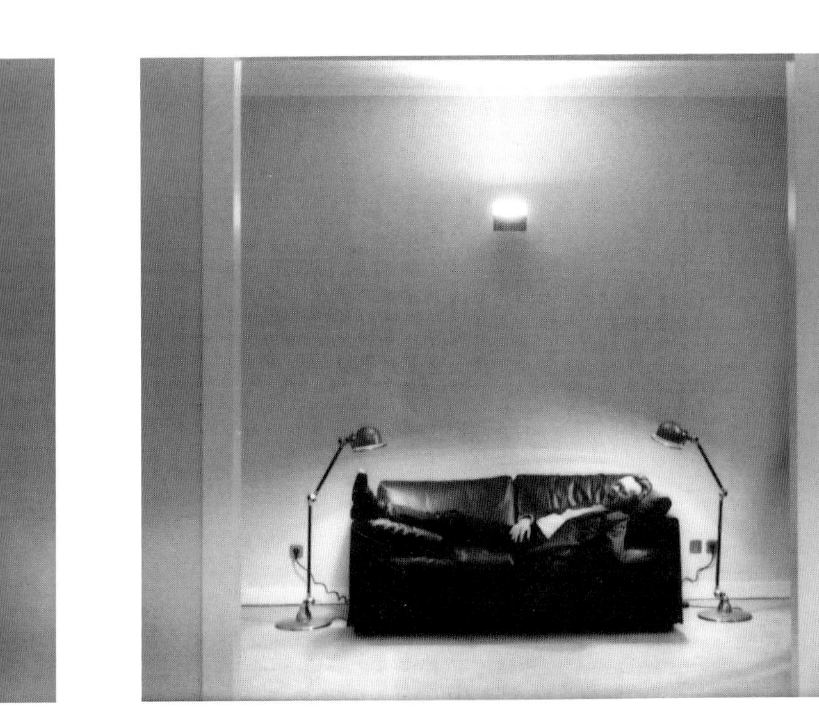

The Art

of

Doing Nothing

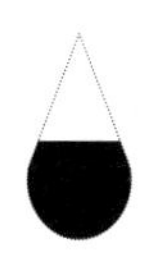

第五章

打哈欠的艺术

当脑中的疲倦感已经堆积成滞留不去的低气压时，不妨尽情地打哈欠，直到心满意足了为止。

身体内部突然产生一股力量，让肌肉由里向外舒张——这就是打哈欠。对那些天生懒散（而且毫无悔意）的人来说，这不但是种令人神清气爽的运动，更是很有效的健身方式。那些工作表现总是“过于良好”的人，也不妨尝试一下。

打哈欠最初的感觉是头部中央有一股小小的压力涡，然后这股压力涡会像旋风一般散布全身：它会使你的咽喉、鼻孔及支气管扩张；它会令你的眉毛和肩膀往上提；它会让你腹部的横膈膜下降，肺部得以扩大；它会令你的心跳加速，增加头部的血液流量；它会迫使你的舌头向后缩，下颚朝向两旁及下方移动。

这一切都会在不到6秒钟的时间里完成。当它结束时，你可能会有一点摇晃不定，但却轻松多了。

一般认为，打哈欠乃是血液里的二氧化碳过多所导致的反应，因此当我们打哈欠时，氧气就会被送入脑部。但某些神经学家却不赞同这样的看法，因为有人吸进氧气之后还是会打哈欠。

打哈欠似乎神秘地反映了健康状态：精神病重症患者或真正生病的人，几乎没有张嘴打哈欠的需要。

词典上则说，打哈欠是人们感觉到疲倦及乏味时的不自觉反应。如果这个观点属实，那么世间万物就能不费吹灰之力地撼动我们消沉的意志，以确保人生没有一刻是无聊的。

因此，当脑中的疲倦感已经堆积成滞留不去的低气压时，不妨尽情地打哈欠，直到心满意足了为止。拉开你的下颚，把嘴巴张得越大越好。这么做，可以释放体内幽禁的隐形能量，净化部分被堵塞的烟囱和隧道——耳咽管、鼻泪管、淋巴腺以及像气管和肺这样的排气孔。这些迷宫般的内在通道与外在世界之间的压力一旦达成平衡，你就会感觉耳朵里突然出现“砰”的一声。

打哈欠如同做瑜伽一样，可以让身体全然伸展，却不需要像瑜伽那样做出扭来扭去的体位或呼吸练习；你的上身和腿部不需要拧得像麻花一般，也不需要学会缩腹技巧。

打哈欠丝毫不费力，而且有传染性——这是科学上的另一个谜。很少有人能抗拒得了那股想跟着别人打哈欠的冲动。当你和人交谈时，只要听到“打哈欠”这三个字，有时就会让你的鼻子抽搐、泪水溢满眼眶、嘴角如同橡皮筋一般往两侧拉开。

对于这两个现象有一种解释：毕竟人是彼此声息相通的。人类就像是一个巨大的灵魂通风系统，只要你在一端张开嘴巴，不消多久，周遭每一个人的下颚、鼻孔与耳膜，就会像一扇扇未闩好的门窗，开始大开大阖。所以，在公众场所打哈欠是不恰当的——你也许会引发相当可观的连锁反应。

脚底按摩的自然疗法

若想克服打哈欠的欲望，就必须设法开启另一个舱口。但如果你受制于礼貌因素，无法释放这股内在的压力，你还有另一项选择：将它排到地面。

将你的身体想象成一支避雷针。透过你的脚，你可以把多余的能量导入地面。你可能已经注意到了，许多人回到家后的第一件事，就是踢掉脚上的鞋。借由这个动作，我们重新跟地面接触。在释放双脚的同时，我们也释放了痛苦的紧张感。

在社交场合里，要让脚接触地面可能有点困难。但是在餐厅里，女人会趁着服务生介绍今日特餐时，小心翼翼地脱掉她们的高跟鞋，让收拢的脚趾放松一下。男人则会将他们的腿伸出去（小心，别让他们不经意地压扁了你抛在桌下的高跟鞋），伸展他们那双阿基里斯的脚踝[①]，然后把鞋跟紧紧踩在地面上。

脚底按摩，这种中国古老的治疗方法，也是根据同样的原理发展出来的。这种另类疗法的工作者借由按摩脚底的某些穴位，来帮助病

① 阿基里斯是希腊神话中的大将，他唯一的弱点是脚踝。——编者注

人重新疏通身体能量的流动。按脚底的这里，你背部的疼痛就能减轻；按那里，你的胃痛就会舒缓，或者你的头痛就能痊愈。通常，经过几分钟专业的脚底按摩之后，你会感觉很放松，甚至睡着了。

扭动脚趾（这可以说是穷人的脚底按摩）也同样有效。试试以下的方法：把每根脚趾头尽量张开，保持这样的状态10秒钟，然后放松下来。重复这个过程3～4回。请留意这个动作如何影响了你的上半身：你不用费什么功夫，鼻子似乎就畅通无阻了，呼吸也均匀多了，前额也放松了，你的耳朵（如同你的脚趾一样）则有一种刺刺的快感。

当然了，如果你正处在一个强调教养的社交场合里，就不能使用这些放松的方法。例如你正在与人交谈，而谈话内容乏味得快要令你打哈欠了，这时你只能假装专心倾听，并寻找机会把身体的重量从右边移到左边。如果情况真的很无聊，那么你不妨以不易察觉的方式前后摆动身体。当情况更不妙时，永远要记住，你还可以利用双脚不同的部位（脚跟、足底弓、大拇趾，或者脚趾），跟地面维持活跃的接触，例如按压、放松、转动，以便排除你的疲倦、无趣、紧张以及必须在众人面前露齿微笑所带来的驱迫感，进而保持内在的愉悦。

The Art of Doing Nothing

拓展想象力的秘诀

对付哈欠连天的最好方法，就是戏弄一下你自己的头脑。以下这些“脑部游戏”的灵感，都源于日本的禅宗公案。这些心智谜题原来是为了帮助禅门徒生解脱他们对理性世界的一些基本假定和执着而设计的。

◎扰乱时间感：

现在是星期一下午吗？请假装此刻是星期五下午——只要几分钟就够了。

◎改变你的命运：

找一本你最喜欢的杂志，把占星专栏中某个人的星盘当成是自己的。

◎向文字挑战：

把“红”这个字，想象成是耀眼的蓝色字体；把“河”这个字写出来，然后在你的心里将它想象成小鹅卵石的形状；写下“嘴唇”这个词，但把它想象成一朵云。

◎坚守文盲的立场：

学着说“我不知道”。不知道乃是无知的反

面，每一次当你说“我不知道”时，你的好奇心就会增长——宇宙也因此而扩大。

◎质疑父权体制：

轻松地询问一对夫妇，看看他们可曾考虑过冠用彼此祖母的娘家姓氏，然后坐下来安静地倾听答案。

◎练习慈悲观：

别忘了，对地球上的每个人来说，都曾经存在过一个无法看到自己肚脐以下身体的孕妇。

The Art of Doing Nothing

第八章

打瞌睡的艺术

偷闲让意识暂时空掉，往往是面对紧急事务的最佳方式。

当手上的事情太多时，不妨去打一下瞌睡，只要10分钟就够了！听起来也许会觉得有点荒唐，不过，偷闲让意识暂时空掉，往往是面对紧急事务的最佳方式。

从忙碌的一天中找出时间来钻进薄毯子里小睡片刻，就跟挖个地道逃亡没什么两样，它们都可以让你悠游地面对繁忙工作、撞期行程以及无可避免的头疼。它使你在片刻之后，便能以新的面貌面对人生。

约翰·肯尼迪、丘吉尔、爱迪生、拿破仑、达尔文都很懂得昼寝的艺术。如同他们一样，你可能也会发现：背对众人打个盹儿，对你是最有益的事。

睡眠研究显示，在安静打盹的潜意识端，一场复杂的生理活动正在进行。表面上看来意识好像没在活动，其实它正在快速地激活脑内的神经元。

当我们入睡时，复杂的脑波活动仍持续进行着，并将我们迟钝的身体转化成一个制造智能、警觉心及识别力的发电站。

科学发现已经证实，缺乏睡眠将会导致意识严重退化：疲倦、注意力无法集中、视觉与触觉出现幻象。

促使你在午后想要蜷伏而卧的渴望，极可能是一种警讯：你的常识和判断力已经快要用光了。这是一天当中最容易发生车祸及意外的时段——人们往往会靠在方向盘或开关器上睡着。

累得睡着了，总比引发灾难要好得多。平卧而眠可以使你进入“生产模式”——开始产生灵感，构想着待会儿醒来之后该进行哪些工作。

所以，何妨就顺从那股想要入睡的欲望吧，这不但能让你恢复有效运作的能力，还能激发清明通透的脑力，也就是我们所谓的“觉醒”状态。

对付罪咎感

在完全清醒的时刻，你的意识可能会对“小睡片刻是件好事”这个概念感到不安。

该去填写会计报表的时候，就不应该埋在枕头里磨蹭。你的良知会说服你：上班打瞌睡是违反资本主义的一项罪行。

可你又能期待什么呢？理性的自我根本就无法了解非理性活动的功效。你的良心宁愿鞭策你花一整个下午在了无生气又缺氧，且不准打瞌睡的生物圈里辛勤地熬着，也不让你享受无害的假寐。

不要浪费时间去向你的“超我”解释：花10分钟进入甜睡的幽境，绝不会夺去你15分钟的名望。在失眠症患者的国度里，午睡的人一向是被人质疑的。

拉丁国家的情况恰好相反，那些不睡午觉的人往往被视为怪物。在意大利、西班牙及法国南部，午睡乃是一种神圣的、能够帮助消化的公开仪式，几乎每个人都参与其中，除了观光客之外。

如同意大利导演兼词曲作家诺维·考沃（Noel Coward）所说的：当本地人正聪明地躲在荫凉处休息个45分钟时，只有疯狗、英国人和外地人才会傻得在艳阳下四处奔走。银行、博物馆、邮局、教堂与商店都关上了大门。车潮如同休眠一般被城市所吞没，而挨家挨户的卧室里，市民们都在紧闭的百叶窗之后放松地休息着。

住在不同国度里的你，或许不能像意大利人那样公然回家午睡，但你还是可以让内在的“电脑”暂停工作，让脑海里的“屏幕保护程序”开始运作。你就揉一揉眼睛，放松地靠在椅背上吧！

或者你也可以关上门窗，躺在你的桌子底下，

把头枕在档案夹上。

越来越多的企业家们喜欢在办公室里摆一张长沙发。

当权者会在他们的安乐椅上偷空睡个美容觉。

年轻的妈妈唱着催眠曲，摇着怀里睡得正甜的小宝贝。

前一夜贪看深夜电视节目的人们，手里提着午餐纸袋，到市区公园的草坪上补眠。

开车族溜进停车场，钻进车子里，把驾驶座的椅背完全放平，然后将穿着袜子的二郎腿跷在方向盘上酣然入睡。

在你尚未昏睡之前，何妨就承认吧：小小的罪咎感，会让这场午睡如同偷尝禁果般更加充满诱惑。

The Art of Doing Nothing

香甜午睡的秘诀

在漫长的下午来个午睡，正是睡眠行家的选择——一道甜食之后的佳肴。你若想确保醒来之后整个人焕然一新，照着以下的简单步骤去做就对了！

◎不妨把办公室的百叶窗或窗帘放下，让屋子里的光线柔和、令人放松。

◎踢掉你的鞋子，把会让你感到拘束的外套或易皱的衣服脱掉。香甜的午睡是一场正式的宴会，所以你也得穿对服装。

◎拿掉你的手表，瞥一下时钟，决定你该何时醒来。信任你的潜意识，到时候它一定会把你推醒的。

◎盖上个小毯子，想象自己正“躺”在被窝里。

◎闭上眼睛想象自己正躺在一艘小船里，准备开始一趟短程航行。拉起锚，任由船在海上漂浮。起初海面的感觉有点起伏不定，不久浪潮就平息了下来，于是你开始在平静的大海里航行。

◎你在一阵碰撞中惊醒——船底的龙骨被沙滩擦撞了一下。如同拖着自己的小艇登上海岸一般，你慢慢地起身。

◎在脸上泼一些海水，伸个懒腰，打开窗户。不要急，你的时间还多得很呢！

The Art

of

Doing Nothing

The Art of Doing Nothing

第七章

沐浴的艺术

你的浴缸犹如
一个巨大的珐琅贝壳，
可以让你窃听
宇宙里不断在过滤的水声。

你不需要借由洗澡来沐浴。即使不在水里，我们也还是浸泡在自己细胞的温暖水族馆里。人体有2/3的重量，是由与海水的化学成分及密度相似的水所构成的。

当我们的老祖先从大海爬行到地面成为陆地生物时，已经为自己储备了足够的水分，得以应付进化过程中的任何一次旱灾。洗澡就等于回归我们最原始的水生状态。

我们与海豚的相似之处远超过与人猿的。我们光滑的皮肤底端有流线型的脂肪层，能够带给我们如海洋哺乳类动物般的浮力。直立的姿势使我们的头部能一直保持在水面外。操控呼吸的能力，让我们拥有潜水的能力，同时还能吹口哨，就像我们的瓶鼻海豚朋友发出“唧唧”的声响一般。

充满水的环境似乎能令我们恢复发声的能力。再害羞忸怩的人，也经常会在浴缸里哼上几曲。精神科医师发现，那些无法在陆地上与人交谈的病人，只要一浸泡在浴盆里，就会开始大声说话。带孩子们到水里嬉戏，他们会高兴得尖叫。你会不禁联想起子宫里的婴儿：当他们在亚热带一般温暖的羊水穴里滑行时，是不是也会像小水獭一样发出兴奋的尖叫。

水中健身所消耗的氧气比较少，也不像在陆地上运动那么费力。这或许就是早产儿在温水里比较能恢复元气的原因。

俄罗斯的准妈妈们有时会在温水池里生产，她们的新生儿被称为“水孩儿”。这些婴儿进入水世界

时，眼睛通常睁得大大的，表情十分安详，只有被带出水面时才会哭泣。在自家的浴室里裸泳，可以使你与水生的自我重新连接，也可以使你顺流而下进入水域——进入环绕着地球表面、容量大约三亿立方英里的海洋里。

在这片由水所构成的世界里，你体内的排水管与蜘蛛网上的露珠或迈阿密上空的暴风雨，同样都是大自然的一部分。

若想渗入这片不断流动的水域里，只消将耳朵沉入水面下聆听这个隐形世界里的搅动声就够了：你胃里的咯咯作响、喉咙里的脉搏声、洗澡水的沙沙声——还有远处排水管所发出的不绝于耳的水流声、邻居厕所突然爆发的冲水声以及数以百计防止人类的生活环境变成沼泽的排水管、下水道、污水管及排水沟。

你的浴缸犹如一个巨大的珐琅贝壳，可以让你窃听宇宙里不断在过滤的水声。

全神贯注去倾听地下水系统的喃喃低语，你很快就会沉浸在至乐中，再也察觉不到眉头上正要滴下来的汗珠、空气里的水蒸气以及天花板上由蒸汽凝结成的水。你不再分辨何处是你的身体、何处是水域的交界，而更深地沉入澡盆里。不知不觉地，你开始朝着排水孔漂去。这时如果有人把塞子拉起来，你可能会毫无抗阻地随着水流出浴缸！经过20分钟的浸泡，你什么也不在乎了——你已经跟水合为一体。

什么是水疗

最受欢迎的沐浴方式便是水疗（Hydrotherapy），也就是单纯地浸泡在温水或凉水里。这个疗法是利用水的物理特性及力学原理，来提升心智的健康及放松的程度。

沉入水中，你会有一种比在陆地时更加轻盈的感觉（漂浮在游泳池里，你会觉得自己少了100斤，甚至更多）。

水不会像地心引力那样将你往下拉，它反倒是从各个方向施压，让你接受它带给你的从头至脚的活力。浴盆越大、池子越深，你所感觉到的就越温柔。头疼、关节痛、臃肿感以及肌肉酸等感受，都消失了。含有两个氢原子和一个氧原子的水分子，在你皮肤上所造成的均匀阻力，使你侧面的身材看起来比穿上莱卡塑身内衣的效果还要好。

在古老的文化里，水疗带有灵修的意味。以罗马人为例，净化身体跟崇敬神几乎同等重要——上公共澡堂乃是市民的道德本分。

数个世纪以来，日本人一向在圣瀑底下沐浴，借以静心。

印度有成千上万的朝圣者在恒河的缓慢水流中施行洗礼。

浸水礼仍然是犹太基督教的通行仪式，与再生疗法（rebirthing）十分近似。

什么是芳香疗法

芳香疗法（Aromatherapy）是一种提高嗅觉的水疗法。借由将植物精油混入洗澡水中，让温热的水除了镇静身心之外还有提神的效能。一般来说，这种方法能够为你的健康带来返老还童的效果——还有你的记忆力也是。留存在被遗忘的童年里的香气具有一股召唤的力量，能带来极大的幸福感。自从告别了娃娃脸和柔嫩双颊的日子后，你就再没体验过这种感觉了。

然而芳香疗法并不仅限于尤加利、佛手柑或柑橘之类的香精，就连老祖母的嗅盐及某些意外而刺鼻的气味，有时也被用来鼓舞我们的感官，刺激我们身体的运作。

比如在洗澡水里混合松脂与牛奶（这种配方虽然出人意料却能带来愉悦的效果），已经在欧洲流行了起来，据说对于消化系统和呼吸器官有治疗效果。

美国的SPA调出独家配方的沐浴油，让细致的香气深入顾客的心灵，进而释放掉一些早先的记忆。比如在薰衣草及迷迭香的笼罩下，你可能会嗅察到淡淡的即溶柠檬水混合着驱蚊剂的气味。这些怪异的气味可能会唤起你第一次自助旅行的某些意象，使你的沐浴经验变成抚平怀旧情绪的一场洗礼。

要不要试试矿泉浴疗

这里要提到的第3种沐浴疗法叫矿泉浴疗（Balneotherapy），也是最受争议的一种。它是一种利用天然温泉或深层海水的化学及矿物成分的古老传统疗法——有时也被称为水愈（water cure），它的程序比沐浴要复杂得多。

矿泉浴疗的程序繁杂，且颇有异国风味。例如，先来个海洋疗法（淋浴之后使用海洋产品进行浸泡），接着在全身涂裹香料（涂拭而非浸泡），然后浸泡在草药中（你会感觉自己仿佛泡在茶包中），做蒸汽浴，然后把自己埋在小火山一般的泥浆里。

矿泉浴疗经常带着一股难闻的臭味，不像芳香疗法那么好闻。混合在水中的那些天然硫黄、细藻类或是活酵母，对你的嗅觉神经可能会是个考验。不过那些经常光顾欧洲著名SPA的客人，对这种浴疗却赞不绝口。

在世界各地你都不难找到无臭的浴疗产品，这些天然软膏、香膏、涂抹剂、滋润剂与敷剂，通常可以在SPA的礼品店及健康食品店里买到。你不妨回家试用一下。或者选一个诚实无欺、信用良好的水疗中心，去尝试看看。

The Art of Doing Nothing

水疗的的秘诀

在未发明抗生素之前，欧洲人通常会把手臂浸泡在热水中来治疗感冒。这么做会引发短暂的高烧，但欧洲人相信体内毒素会因而排除。

◎拉一把椅子到你的洗脸盆前，放几个椅垫在椅子上，让自己坐得舒服一点，就像坐在桌子前面一样。

◎穿上睡衣，绑起头发，把袖子卷起来。留意一下时间，整个过程不要超过20分钟。

◎把洗脸盆注满热水，可以加入一些芳香沐浴油。

◎用干净毛巾盖住你的头和脸部。

◎交叉你的双臂，浸泡在热水里。

◎每隔5分钟便伸手打开水龙头，把热水直接加入脸盆里。

◎蒸汽会使你的每一个毛孔都释出汗液。你的脸颊会变得通红，汗水不停地往下滴。

◎20分钟结束了，请站起来，擦干手臂和

脸，直接上床睡觉。你应该会睡得像个婴儿似的，醒来时觉得充满精力。

The Art of Doing Nothing

第八章

品尝的艺术

细嚼慢咽的人通常动脑比动胃多。品尝食物的滋味乃是激活思想最愉悦的方式之一。

完美的巧克力慕斯会引诱你手中的汤匙，如同烛光引诱飞蛾一般。唯一能满足好奇心的方式，就是直接舀一匙试试看。在宛如黑丝绒表层的底端，有一个神秘的世界正在召唤着你。

“吃”能滋养身体，但“品尝”美食则能充分满足我们的心灵。早在你的胃肠开始参与这场盛事之前，每一口送进嘴里的食物所散发的香气及滋味，已足以令我们受用不尽了。只消十分之一秒的时间，鼻子和舌头便能总结食物当中每一个分子的信号——从香气中的酚到令我们流口水的乙醇醋酸，并将它们传送到我们饥饿的神经元里。

你必须十分专注，才能领略食物的滋味。大脑皮层瞬间就能吸收由500万个嗅觉及味觉细胞所提供的资料，并将其色彩、形状、温度、质感及咀嚼声结合在一起。这一连串意料之外的感受，便是科学所定义的“味道”，它们会永久储存在我们的记忆库里。

充满异国风味的珍稀菜肴，可以使老饕及美食家闭上双眼，暂时进入飘飘然的状态——脑部制造出一连串强烈而突发的活动来转译复杂的味道。若想了解食物的滋味里塞满了多少信息，就必须参考普鲁斯特的著作。只尝了一小口茶糕，这位法国作家便意外地回想起一些童年记忆，进而写出长达12卷的意识流杰作《追忆逝水年华》——现代文学作品中篇幅最长的小说之一。

细嚼慢咽的人通常动脑比动胃多。品尝食物的滋味乃是激活思想最愉悦的方式之一。下回你若是坐在一堆美食前，不妨花点功夫探索一下那些食物的肌

理——硬度、脆度、嚼劲和黏性以及色彩、弹性与声响。让脆嫩的姜片或滑润的奶油调味酱，来唤起你的记忆与联想。

品尝美酒之前，先感受一下它独特的颜色及味道。品酒专家把酒杯凑到唇边啜饮时，表情总显得有点不情愿，因为他们知道，用唇舌所触及的，只不过是在印证早就经由仔细观察而获得的详尽印象罢了！

如同品酒一样，品茗也涉及冗长的程序。首先必须仔细检视茶叶的颜色，在冲泡之前和之后有何差异，并且要比较一下不同温度所烘焙出来的茶香。

在品茗时，专家会啜吮茶汤，声音越大越好。据说印度最灵敏的品茗者，仅靠着齿舌之间传出的吸吮声，就能判断这泡茶的水是出自山泉、蓄水池还是井水。

日本的茶道仪式通常会提供一场舞蹈，给嘉宾一个浸淫在诗意里的机会，并借由他们对这场舞蹈的感言来分享高见。茶室内的布置散发出安详的气氛，来宾们对古雅的花道、高远的字画和朴拙的茶具赞叹不已。他们一边啜饮着抹茶，一边领略着彼此的灼见。

舌尖尝到了什么滋味

蝴蝶的味蕾主要分布在前腿：它们只消降落在一朵花上，便能评估出这朵花的甜度。某些鱼类的鳍或尾巴已经突变成味觉器官：它们可以一边游、一边品尝海水的滋味。然而，对人类来说，舌头既是品尝食物的器官，亦是说话的工具；因此，我们喜欢在嘴里塞满东西时说话，就不足为奇了。

不过，人们逐渐学会先把盘子清光了，再开始喋喋不休地交谈。然而，丰盛的美食永远会诱使我们大声说出心中的满足。被激化的味蕾往往能将最沉默寡言的人变成诗人。宴会主人可以借着来宾对每一道菜的形容词之多寡及原创性，来衡量飨宴成功与否。

美食的发展与谈话艺术的洗炼程度有密切关系。像法国人这样的老饕是不会词穷的。在这个国家里，你并不容易看到天花乱坠的菜单，所以我们得凭着分贝的高低来评鉴餐厅的好坏。比如如果某家餐厅一走进去的感觉太安静，我们就要考虑转身离开。相反的，如果里面闹哄哄的，那么我们会立刻假定它的食物很好吃。此外，服务生若是冗长地为顾客讲解菜单，也代表这家餐厅的菜很可口。

对厨师来说，客人的评论决定了他的命运。招待那些彼此闲聊和饮酒狂欢的朋友、诙谐有趣的主讲人，或是不断干杯敬酒的乡亲，并不是什么愉悦的事。

很不幸的，这个世界一向缺乏足够的辞藻来形容出色的美食。一般人总是用同样的两三句话来赞美眼前的佳肴——美妙、可口、令人愉悦，这跟我们用来显示不赞同的特殊词汇相比，实在是一种贫乏的展现方式。

若是能造出一些令人垂涎三尺的句子来形容大厨们的盛馔款待，后者一定会表现得更好一些。“有味道”或“好吃得令人舔手指”，并不足以描述某些饶富趣味的现代料理。

研究我们的心理结构，或许能解释这种词穷现象。人类的味蕾对于苦、咸、酸食物的敏感度远超过甜食。舌头的边缘、背面及软颚，遍布着专门辨别酸度、尖锐度、辛辣度、臭味、苦味及酸味的主要味蕾。我们的味蕾埋藏在乳头状的突出物里，它们所在的位置恰好可以捕捉到大部分食物的味道，因此它们也变成身体早期预警系统的一部分。有毒物质若是接近我们的喉头，那附近的味蕾就会立刻令我们作呕，而不会让其滑进喉咙里。

舌尖是嘴里唯一能清楚记录甜味的部位。这

个小小的味觉区域能够检查带有甜味的高能量食物——能加速脑部活动，而这也是为什么当人们一发现贴切的形容词，舌尖就会有甜美的感觉。

The Art of Doing Nothing

不醉的秘诀

要保持不醉，首先你必须学会如何拿酒杯——真的，如何拿酒杯可以决定你是否能保持清醒。从品酒专家那儿偷一些诀窍，你就不必醉到叫计程车回家，也不必在第二天向你的宴会主人道歉。

◎还没开始喝酒之前，先把酒杯举到你眼睛的前方。身体坐直，呼吸调匀，心里默默地对酒神巴克斯（Bacchus）——你晚宴的敌人致敬。

◎不要黏着酒杯不放，与它相敬如宾，保持距离。不喝酒时，你的酒杯至少应该距离你的鼻尖20厘米远。

◎喝酒时，眼睛永远不要看着天花板，而是要透过酒杯直接去看你所在的房间。

◎不时地把酒杯斜斜凑到唇边，然后吸入那股香气——但不要去喝它。

◎永远不要无意识地牛饮。咽下一口酒时要细细品尝它。保持清醒的秘诀，就是用心去品尝你喝下的酒。

The Art of Doing Nothing

第九章

倾听的艺术

懂得倾听的人通常能掌握全局。

我们的耳朵渴望声音的刺激。小道消息是一碟令人无法抗拒的好菜。你很难不被可口的第一手独家消息所吸引，很少人能任由电话铃响不去接，或忽略办公室里的流言蜚语，更不太可能在晚间新闻结束之前关上电视。人类的嗓音会引发一股趣味十足的期待和急迫感。

我们的听觉系统是一种高度敏感的传音工具，它能识别、觉知及破解语言密码——不论是黑暗里的低语或嘈杂餐厅里的喧哗声。

即使处在不利于听觉的环境里，我们的头脑仍然能重现我们听到的话，理解其中的大意。我们的认知能力，就是去窃取各自独立的线索——声音、嘴唇动作、语调、暂停、口吃、微笑、不自然的嘻笑及皱眉，然后把它们拼凑成无缝的言辞表达。

我们大脑皮层的传导作用，可以在别人还没说完一句话之前，就完全了解其中的含义。

我们自认为所听到的话，有一部分是想象力的产物。在不知不觉的情况下，我们会暗自填补别人言语中的空缺、修正他们的文法、解析他们的口音、加标点、换上别的字眼——别人一边讲话，我们一边把“他们的”句子造了出来。

在别人还没停止闲扯之前，我们通常已经知道他们要说什么了。倾听别人说话一点也不被动，这其实是非常主动、富有启发性，甚至是一种慈悲的创造性行为。

这个所谓的“音素恢复”（phonemic restoration）现象，是非常有用的生存伎俩——如果你想在暴风雨里听见船长在说什么，就必须具备这个长处。或者你可以模仿007詹姆斯·邦德，破解从你手表里的微晶片传送过来的信息。

但是在正常情况下——比如在会议室、教室、起居室或卧室里，音素恢复现象却可能会制造沟通上的混乱。你若是竭力想弄清楚他对她说了什么，或者她对他说了什么，请记住：说与听之间并没有明显的界线。

下回若是去参加任何会议，请坐定、放松、聆听。做一个被指定的倾听者。留意一下，当你把每句话都听进去时需要耗费多大的专注力。

你无须借由说话来成为积极的参与者：从别人的角度来看，你的每一个眼神、头部的动作、脸上的表情及微笑，都是你话语的一部分。

你越会倾听，别人就越会寻求你的赞同。警觉一向富有强烈的磁力。当你全神贯注时，你的注意力就会像指挥家的指挥棒一样。你可以默默地把各种概念编成曲目，暗中影响交谈的结果——或是令情况更加纷乱。懂得倾听的人通常能掌控全局。

聆听你的直觉

在一个安静的环境里，我们的脑子每分钟可以处理别人说出来的500个字。不幸的是，即便是最口若悬河的雄辩家，也不能完全满足我们对听觉刺激的无穷需求。

大部分人每分钟只能讲150个字——这还是假定他们用了完整的句子来表达自己的意思。而没用掉的那350个字的时间，对听众的耐性可就是一大考验了。

对于那些心神警醒的人来说，他们会利用这种话语暂停的片刻去聆听心中的直觉。他们是眼耳并用的人。好的倾听者通常也是专注的观察者。他们一边留意人们在讨论什么，一边仔细审视着人们的面部表情、发型、饰物、衣着以及说话时的肢体语言。

在听过一场简报之后，你基本可以精确地描述出讲者的样子以及他（或她）的音色。但不要期待自己能重复那些话语的内容，因为它们也许只留下了一些含糊的印象。

不过，这样也好。如果你希望能回忆起谈话内容，偏偏绞尽脑汁也只有一片空白，那么这时就无须再为难自己的脑袋了。根据某著名大学的调查，人们谈话的内容只有7%是真正经过深思的。

但讲者与听者彼此之间所传达的讯息，却远远超过言语的分享。即使永远无法听清楚，我们还是会感觉到语言中的能量振动。某些语气会引发听觉上的反应，某些则会影响我们的情绪，或者诱发预期之外的一连串想法。

这些讯息全都会带来有效的沟通。

举例而言，一个朋友打电话来声称她需要你的

建言。但听不到一分钟，你就完全明白，其实她只是想找人说说话罢了！

某个客户祝贺你事情办得很成功，而你的直觉

却提醒你：不消多久他就会开始找理由不付清所有的钱。

午餐时，你的母亲说一切都很好，好极了——但事实上，你的胃却立刻揪成了一团。

当人们在说话时，他们会制造出可以被听见和不能被听见的振动能量。无法用耳朵接收到的东西，我们会利用身体其他的组织——骨骼构造、心跳、细胞间质里的体液将其一一记录下来。高明的倾听方式，就是把你的身体变成一个可以听到别人的思想、概念和情绪的共振板。

The Art of Doing Nothing

沉默的秘诀

好！就算你是研究德国印刷术、日本傀儡戏或法式料理的专家吧，但还是不要公开谈论这些题材为妙。英国人把绅士形容成“会吹风笛却不去吹”的人。

◎不去谈论自己最热衷的题目，才能使你继续浸淫其中。

◎不受人瞩目，才能确保自己不得意忘形。

◎不对新结交的朋友夸耀自己所长，只会使老友更喜欢你。

◎不让全世界知道你的秘密嗜好，只会增加你的神秘感。

◎不自夸，往往能避开嫉妒。

◎不吹牛，可以让你避免成为一个讨人厌的人。

◎不想说就什么都不说，通常是一种聪明的做法。

◎不追求解答，将会带给你更多深思问题的时间。

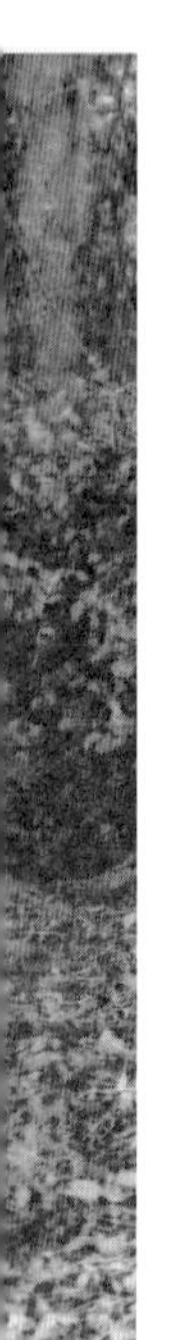

The Art of Doing Nothing

第十章

等待的艺术

我们最大的恐惧之一，就是当全世界都在朝着目标火速前进时，我们却被排除在外。

在奔赴明日的道路上，我们往往会掉进日历造成的坑洞里——也就是迫使我们徘徊在此时此刻的等候时段。因为卡在“当下”（而且不知道会拖延多久），所以我们必须耐心地等候通往未来的下一列班车。这是个休息片刻的好机会，然而我们不但不会去享受这段休息时间，反而会感到受挫、不耐烦、神经紧张。我们盯着手表，对它们仍然在嘀嗒作响感到不悦。我们最大的恐惧之一，就是当全世界都在朝着目标火速前进时，我们却被排除在外。

我们坚信时间是24小时不断地在流动，晴雨无阻的。但是到目前为止，没有任何科学家或哲人可以毫无疑问地证明时间是朝某个方向前进的——从左至右，或从过去到未来。

当然，时间确实可以被测量，不过只有在跟其他现象对比的时候——例如太阳的位置或原子内部的能量运转，时间才能被标举出来；时间本身似乎并不存在。

难怪当我们被迫等待时会觉得很愚蠢：我们被困在自己所结成的隐形蜘蛛网里了。

对时间研究者而言，只有一件事是确定的：心急水不沸，等候的时间总显得特别漫长。不同的研究显示，当人们被迫等候时，即使只等了几秒钟，感觉上都像是蜗牛爬行那么缓慢，在那段时间里，一小时就像是70分钟似的。

可是当你玩得兴高采烈时，时间却像飞逝一般。实验证明，等待的时间若间隔地被一连串外来的刺激——听觉或视觉上的所打断，我们的时间感就会大大缩短。

我们把“等待”体认成两个节拍之间的死寂空当。节奏越快，我们停下来的可能性越小。若是没有这份节奏感，时间根本不具任何意义。

如果你等候的人迟到了，不要一再审视地平线或是检查你的手表。不妨来回溜达一下、吹吹口哨、用脚打拍子，或者把重量放在你椅子的后脚上，让椅子前后摇摆。

许多宏伟大厅及接待室的设计，就是为了让受困的旅者有充分的机会做些重复再三的傻事：数一数水晶吊灯上有多少只灯泡，看看地面上的花纹，算一算墙上有多少块瓷砖。

我们的生理时钟对节奏的改变及气候的变动都十分敏感。比如当我们觉得闷热时，便可能低估了等待

的时间，这时最好明智地避开走廊上的过堂风；排队进电影院时，不妨按摩一下你的上臂；若是必须等电话，最好能披上一条围巾。

情绪也能以各种方式改变我们的时间感。如果你必须坐在某政府机构的暗廊里等候，而四周挂满了开国元老们表情阴郁的肖像，那么你很可能分秒难挨。

相反的，研究者发现，凝视女人的笑颜，却令你觉得等待的时间缩短了。翻阅散落在候诊室里的过期时装杂志，也是对抗时间的好策略。

此刻或永远不再

虽然我们的时间感不太明确，却用了许多方式将时间规范下来。多少个世纪以来，人们沿用阴历、日晷仪以及教学楼的钟声来安排生活事宜，并按照它的顺序过日子。到了12世纪，圣本笃修会的修士们甚至发展出时钟，以方便大家的共修活动能同时运作。

但是到目前为止，最有趣的计时发明却是语言。

只要回想一下我们的语言怎样在使用动词，就足以反映出这个文化系统是如何看待时间本质的。比如在英文里我们时常说："你的飞机在5小时内起飞（Your flight leaves in 5 hours）。"或者："你现在将会立刻停止（You will stop right now）。"——你瞧，这种语言不分皂白地运用现在时来表示未来的活动，或是用未来时表示眼前的活动。

对我们而言，当下这一刻乃是周遭事物的一部分。我们的文法泄露了一个事实：我们觉得当下只是未来即将要发生之事的序幕。

在别的语言里，动词强调的往往是时间的其他面向，比如一个行动会延续下去，或是会完结。这些语言比较不执着于将要发生什么，因此让使用者拥有较大的空间可以安住于当下——不像我们必须匆匆面对迫在眉睫的命运。

如果你正困在某种情况里，只要采用了正确的时态，便能改变你对等候的感觉。不，你的飞机不是在5小时内起飞——它“将会”在5小时以后起飞。告诉自己，你拥有5个小时的闲暇时间，而不是5个小时的候机时间。

等候并不是迈向未来的序曲。按理说，它应该是过去的序曲。我们可以把宝贵的时日投资在“期待”尚未发生的事——友人的归来、孩子的诞生、买新房子、书看到最后一页……这使得每一件事都更值得纪念。

花点时间静静地守候：这么做，等于在制造属于你的纪念品。

游手好闲于现在时中，给你的未来一个值得回忆的过往。

The Art of Doing Nothing

观赏日落的秘诀

像我们这样的身体力行者，很难不把太阳想象成跟我们一样——一个忙碌地绕地球公转的天体。这个错误的印象是很顽强的，但我们可以抗拒它。下回当你观赏日落时，试着坐定，体验地球转动时的强大威力。以下会教你怎么做：

◎在黄昏之前，面向接近地平线的太阳。留意自己是否预设了它正在下沉。提醒自己，这种下沉的运动只是视觉上的幻象。

◎想象一根木桩，朝着太阳射去，将太阳钉在天空中，确保它一动也不动。

◎现在，看着地平线逐渐朝太阳攀升。想象脚下的地面正在向上移动。

◎感觉大地正在以慢动作向后倾斜。

◎当太阳消失时，想象你这边的地球正没入薄暮中。

◎恭喜！在过去的10分钟里，你已经完成时速10 000多公里的后空翻，并且用这个姿势进入了夜晚。

无所事事
并不意味着消极怠惰，
而是正在做一件无以名之的事

·结语·

你只有五六岁这么大，你在自己的房里静静地玩着——看漫画书或是替你最心爱的洋娃娃剪头发。房子里很安静，只有洗碗机发出的阵阵洗涤声。街上传来几声狗吠。远处有一辆垃圾车在奏鸣。大地一片祥和。

这时，你的母亲突然出现在房门口。

“你在做什么？”她问。

“没做什么，”你不经意地回答，“我什么也没做。”

如果她坚持想知道你究竟在做什么，你的魔法世界就被打破了。想出一个成年人能理解的解释，只会瓦解那股充满至乐的丰盈感。对孩子而言，**无所事事并不意味着消极怠惰，而是正在做一件无以名之的事。**

今日，你仍然可以重拾那一刻的安详自在，只要你拒绝为自己所做的每一件事贴上标签。练习“无所事事”，不论你正在厨房忙着、正在讲电话，或是正赶着赴约。

厘清心念，就能为自己挪出时间来。

湛庐，与思想有关……

如何阅读商业图书

商业图书与其他类型的图书，由于阅读目的和方式的不同，因此有其特定的阅读原则和阅读方法，先从一本书开始尝试，再熟练应用。

阅读原则1 二八原则

对商业图书来说，80%的精华价值可能仅占20%的页码。要根据自己的阅读能力，进行阅读时间的分配。

阅读原则2 集中优势精力原则

在一个特定的时间段内，集中突破20%的精华内容。也可以在一个时间段内，集中攻克一个主题的阅读。

阅读原则3 递进原则

高效率的阅读并不一定要按照页码顺序展开，可以挑选自己感兴趣的部分阅读，再从兴趣点扩展到其他部分。阅读商业图书切忌贪多，从一个小主题开始，先培养自己的阅读能力，了解文字风格、观点阐述以及案例描述的方法，目的在于对方法的掌握，这才是最重要的。

阅读原则4 好为人师原则

在朋友圈中主导、控制话题，引导话题向自己设计的方向去发展，可以让读书收获更加扎实、实用、有效。

阅读方法与阅读习惯的养成

（1）回想。阅读商业图书常常不会一口气读完，第二次拿起书时，至少用15分钟回想上次阅读的内容，不要翻看，实在想不起来再翻看。严格训练自己，一定要回想，坚持50次，会逐渐养成习惯。

（2）做笔记。不要试图让笔记具有很强的逻辑性和系统性，不需要有深刻的见解和思想，只要是文字，就是对大脑的锻炼。在空白处多写多画，随笔、符号、涂色、书签、便签、折页，甚至拆书都可以。

（3）读后感和PPT。坚持写读后感可以大幅度提高阅读能力，做PPT可以提高逻辑分析能力。从写读后感开始，写上5篇以后，再尝试做PPT。连续做上5个PPT，再重复写三次读后感。如此坚持，阅读能力将会大幅度提高。

（4）思想的超越。要养成上述阅读习惯，通常需要6个月的严格训练，至少完成4本书的阅读。你会慢慢发现，自己的思想开始跳脱出来，开始有了超越作者的感觉。比拟作者、超越作者、试图凌驾于作者之上思考问题，是阅读能力提高的必然结果。

扫码关注湛庐文化，
回复“阅读”
这5种方法，让读过的书变成你的影子

[特别感谢：营销及销售行为专家 孙路弘 智慧支持！]

我们出版的所有图书，封底和前勒口都有“湛庐文化”的标志

并归于两个品牌

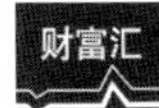

找“小红帽”

为了便于读者在浩如烟海的书架陈列中清楚地找到湛庐，我们在每本图书的封面左上角，以及书脊上部47mm处，以红色作为标记——称之为**“小红帽”**。同时，封面左上角标记**“湛庐文化Slogan”**，书脊上标记**“湛庐文化Logo”**，且下方标注图书所属品牌。

湛庐文化主力打造两个品牌：**财富汇**，致力于为商界人士提供国内外优秀的经济管理类图书；**心视界**，旨在通过心理学大师、心灵导师的专业指导为读者提供改善生活和心境的通路。

阅读的最大成本

读者在选购图书的时候，往往把成本支出的焦点放在书价上，其实不然。

时间才是读者付出的最大阅读成本。

阅读的时间成本=选择花费的时间+阅读花费的时间+误读浪费的时间

湛庐希望成为一个“与思想有关”的组织，成为中国与世界思想交汇的聚集地。通过我们的工作和努力，潜移默化地改变中国人、商业组织的思维方式，与世界先进的理念接轨，帮助国内的企业和经理人，融入世界，这是我们的使命和价值。

我们知道，这项工作就像跑马拉松，是极其漫长和艰苦的。但是我们有决心和毅力去不断推动，在朝着我们目标前进的道路上，所有人都是同行者和推动者。希望更多的专家、学者、读者一起来加入我们的队伍，在当下改变未来。

湛庐文化获奖书目

《大数据时代》

国家图书馆“第九届文津奖”十本获奖图书之一
CCTV“2013中国好书”25本获奖图书之一
《光明日报》2013年度《光明书榜》入选图书
《第一财经日报》2013年第一财经金融价值榜“推荐财经图书奖”
2013年度和讯华文财经图书大奖
2013亚马逊年度图书排行榜经济管理类图书榜首
《中国企业家》年度好书经管类TOP10
《创业家》“5年来最值得创业者读的10本书”
《商学院》“2013经理人阅读趣味年报·科技和社会发展趋势类最受关注图书”
《中国新闻出版报》2013年度好书20本之一
2013百道网·中国好书榜·财经类TOP100榜首
2013蓝狮子·腾讯文学十大最佳商业图书和最受欢迎的数字阅读出版物
2013京东经管图书年度畅销榜上榜图书，综合排名第一，经济类榜榜首

《牛奶可乐经济学》

国家图书馆“第四届文津奖”十本获奖图书之一
搜狐、《第一财经日报》2008年十本最佳商业图书

《影响力》（经典版）

《商学院》“2013经理人阅读趣味年报·心理学和行为科学类最受关注图书”
2013亚马逊年度图书分类榜心理励志图书第八名
《财富》鼎力推荐的75本商业必读书之一

《人人时代》（原名《未来是湿的》）

CCTV《子午书简》·《中国图书商报》2009年度最值得一读的30本好书之“年度最佳财经图书”
《第一财经周刊》·蓝狮子读书会·新浪网2009年度十佳商业图书TOP5

《认知盈余》

《商学院》“2013经理人阅读趣味年报·科技和社会发展趋势类最受关注图书”
2011年度和讯华文财经图书大奖

《大而不倒》

《金融时报》·高盛2010年度最佳商业图书入选作品
美国《外交政策》杂志评选的全球思想家正在阅读的20本书之一
蓝狮子·新浪2010年度十大最佳商业图书，《智囊悦读》2010年度十大最具价值经管图书

《第一大亨》

普利策传记奖，美国国家图书奖
2013中国好书榜·财经类TOP100

《真实的幸福》

《第一财经周刊》2014年度商业图书TOP10
《职场》2010年度最具阅读价值的10本职场书籍

《星际穿越》

国家图书馆“第十一届文津奖”科普奖获奖图书
2015年全国优秀科普作品三等奖

《翻转课堂的可汗学院》

《中国教师报》2014年度“影响教师的100本书”TOP10
《第一财经周刊》2014年度商业图书TOP10

湛庐文化获奖书目

《爱哭鬼小隼》
国家图书馆“第九届文津奖”十本获奖图书之一
《新京报》2013年度童书
《中国教育报》2013年度教师推荐的10大童书
新阅读研究所“2013年度最佳童书”

《群体性孤独》
国家图书馆“第十届文津奖”十本获奖图书之一
2014“腾讯网·啖书局”TMT十大最佳图书

《用心教养》
国家新闻出版广电总局2014年度“大众喜爱的50种图书”生活与科普类TOP6

《正能量》
《新智囊》2012年经管类十大图书，京东2012好书榜年度新书

《正义之心》
《第一财经周刊》2014年度商业图书TOP10

《神话的力量》
《心理月刊》2011年度最佳图书奖

《当音乐停止之后》
《中欧商业评论》2014年度经管好书榜·经济金融类

《富足》
《哈佛商业评论》2015年最值得读的八本好书
2014“腾讯网·啖书局”TMT十大最佳图书

《稀缺》
《第一财经周刊》2014年度商业图书TOP10
《中欧商业评论》2014年度经管好书榜·企业管理类

《大爆炸式创新》
《中欧商业评论》2014年度经管好书榜·企业管理类

《技术的本质》
2014“腾讯网·啖书局”TMT十大最佳图书

《社交网络改变世界》
新华网、中国出版传媒2013年度中国影响力图书

《孵化Twitter》
2013年11月亚马逊（美国）月度最佳图书
《第一财经周刊》2014年度商业图书TOP10

《谁是谷歌想要的人才？》
《出版商务周报》2013年度风云图书·励志类上榜书籍

《卡普新生儿安抚法》（最快乐的宝宝1·0~1岁）
2013新浪“养育有道”年度论坛养育类图书推荐奖

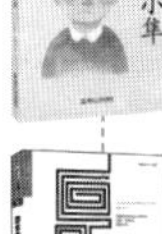

延伸阅读

扫码直达本书购买链接

《正念10分钟》

◎ 一部正念亲子读本，奥斯卡奖得主亲身传授，提升美国儿童幸福感的正念生活方式。

◎ 12个基础、14个练习、29个工具，让我们成为正念的父母，让孩子内心充盈喜悦与安宁。

◎ 著名心理学家丹尼尔•西格尔专文作序，丹尼尔•戈尔曼鼎力推荐。

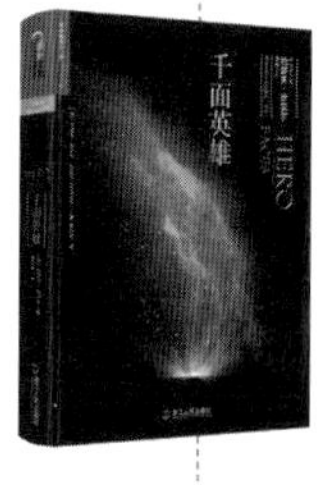

扫码直达本书购买链接

《千面英雄》

◎ 20世纪神话学大师、拯救人类心灵的哲学家与心理学家，西方流行文化的一代宗师约瑟夫·坎贝尔奠基之作。

◎ 寻求个人内在觉醒的“圣经”，探寻自我与心灵成长者的必读之作。

◎ 新添84张精美插图，包含200余人的神话故事人物谱，随书赠送坎贝尔神话系列作品独家藏书票一枚。

扫码直达本书购买链接

《追随直觉之路》

◎ 一部发现喜悦、实现自我、完善人格的心灵治愈之作。

◎ 神话学大师约瑟夫•坎贝尔为你揭示神话的4大功能，带你看清神话的表面与实质，你会看到，古老的神话依然存在帮助现代人走过生命之旅的神奇力量，它是让人们走向幸福之路的指明灯。

◎ 随书赠送坎贝尔神话系列作品独家藏书票一枚。

扫码直达本书购买链接

《意识光谱》

◎ 肯•威尔伯是美国最著名的心理学家、哲学家之一，超个人心理学大师。其成名之作《意识光谱》出版逾30年，时间证明它的确不愧为超个人心理学的经典之作。

◎ “《意识光谱》是长青哲学领域最通达、最广博的著作。是威尔伯十多本著作中，最值得翻译的一本。”——台湾身心灵导师胡因梦

图书在版编目（CIP）数据

无所事事的艺术 /（法）薇若妮卡·魏纳著；（法）爱芮卡·兰那摄影；胡因梦译. -- 杭州：浙江人民出版社，2017.3

ISBN 978-7-213-07716-6

Ⅰ. ①无… Ⅱ. ①薇…②爱…③胡… Ⅲ. ①人生哲学–通俗读物 Ⅳ. ① B821-49

中国版本图书馆 CIP 数据核字（2016）第 288804 号

浙江省版权局
著作权合同登记章
图字：11-2015-339 号

上架指导：生活 / 艺术 / 身心灵

无所事事的艺术

［法］薇若妮卡·魏纳 著

［法］爱芮卡·兰那 摄影

胡因梦 译

出版发行： 浙江人民出版社（杭州体育场路 347 号　邮编　310006）
市场部电话：（0571）85061682　85176516

集团网址： 浙江出版联合集团　http://www.zjcb.com

责任编辑： 蔡玲平

责任校对： 俞建英

印　　刷： 北京中印联印务有限公司

开　　本： 787 毫米 ×1092 毫米 1/32　　**印　　张：** 4.625

字　　数： 60 千字　　**插　　页：** 1

版　　次： 2017 年 3 月第 1 版　　**印　　次：** 2017 年 3 月第 1 次印刷

书　　号： ISBN 978-7-213-07716-6

定　　价： 39.90 元

如发现印装质量问题，影响阅读，请与市场部联系调换。